Guía de lectura

Escrita por Nathalie Roland
Traducida por Marina Martín Serra

Historia de una gaviota y del gato que le enseñó a volar

de Luis Sepúlveda

ResumenExpress.com

LUIS SEPÚLVEDA

ESCRITOR CHILENO

- **Nacido en 1949 en Ovalle (Chile)**
- **Algunas de sus obras:**
    - *Un viejo que leía novelas de amor* (1989), novela
    - *Historia de una gaviota y del gato que le enseñó a volar* (1996), cuento
    - *Últimas noticias del Sur* (2012), novela

Luis Sepúlveda nace en 1949 en Chile. Desde joven, se muestra comprometido con la lucha contra el régimen del general Pinochet, por lo que es encarcelado y luego se ve obligado a exiliarse. Más tarde, viajará por Sudamérica y luchará contra la dictadura. En 1982, se instala en Hamburgo, donde trabaja como periodista. Se da a conocer gracias a una de sus primeras novelas, *Un viejo que leía novelas de amor* (1989), que evoca la vida de los indios shuar, con los que vive durante un año.

Sepúlveda, que rápidamente alcanza el éxito, explora todos los géneros y utiliza el tema de los acontecimientos históricos del siglo XX (*Nombre de torero*, 1994; *La locura de Pinochet*, 2003; *La sombra de lo que fuimos*, 2010) o de los hechos cotidianos (por ejemplo, la historia de asesino a sueldo lleno de cinismo, en *Diario de un killer sentimental*, 1998).

HISTORIA DE UNA GAVIOTA Y DEL GATO QUE LE ENSEÑÓ A VOLAR

UN CUENTO PARA TODAS LAS EDADES

- **Género:** cuento
- **Edición de referencia:** Sepúlveda, Luis. 2001. *Historia de una gaviota y del gato que le enseñó a volar.* Barcelona: Tusquets editores
- **Primera edición:** 1996
- **Temáticas:** ecología, promesa, solidaridad, valor, contaminación, aprendizaje, animales

En 1996 se publica este cuento, dirigido tanto a niños como a adultos, que Sepúlveda dedica a sus hijos. Cuenta la historia de una gaviota que, atrapada en una marea negra, le confía su huevo a un gato del puerto de Hamburgo para que proteja y críe al polluelo. Este breve relato, que aborda temas universales y actuales como la ayuda mutua, la ecología, el valor o el aprendizaje de la vida, invita al lector a plantearse el tema de las relaciones humanas, de las relaciones animales y de las relaciones entre ambas especies. La obra se ha traducido a múltiples idiomas y ha ganado varios premios, como el Premio Sorcières en 1997.

RESUMEN

LA MAREA NEGRA

Un grupo de gaviotas que va de camino a la convención de gaviotas hace escala cerca de Hamburgo para alimentarse. Una de ellas, Kengah, está embobada y no escucha el grito de alarma de sus camaradas, que anuncia la llegada de una ola de petróleo. Intenta volar, pero se ve sumergida por la ola. Busca una solución y piensa en la historia que contaba una vieja gaviota acerca de un humano llamado Ícaro. Cuando al fin consigue volar, se acerca al sol para hacer que el petróleo que le pega las alas se funda, pero no lo consigue. A continuación, se dirige tierra adentro.

No muy lejos de allí, el gato Zorbas se queda solo durante las vacaciones. Algunos años antes, cuando no era más que un gatito, un pelícano lo había tomado por una rana y lo había engullido, pero al final lo había escupido. En ese momento, un niño pequeño lo había recogido y se había convertido en su amo.

Mientras Zorbas descansa bajo el sol del balcón, un pájaro lleno de petróleo se estrella contra el suelo, delante de él. Se trata de Kengah, que está agotada. El gato intenta ayudarla, pero es demasiado tarde. La gaviota emplea sus últimas fuerzas para poner un huevo y le pide a Zorbas que le prometa tres cosas: que no se coma el huevo, que se ocupe de él hasta que nazca el polluelo y que le enseñe a volar. Zorbas acepta y corre a buscar ayuda pero, por desgracia, la gavina muere mientras tanto.

Zorbas se dirige al restaurante italiano que hay cerca de allí donde Colonello, un gato sin edad, está acostumbrado a aconsejar a los otros felinos. Le propone dirigirse a Sabelotodo, que vive en medio del bazar del puerto. El propietario del bazar es Harry, un antiguo marinero que cambió la vida de navegante para dedicarse a la venta y que tiene dos mascotas: Matías, un chimpancé que se ocupa de la caja, y Sabelotodo, un gato. Los tres gatos llegan a la tienda y Matías les reclama que paguen la entrada. Zorbas intimida al chimpancé, que finalmente les deja pasar. Explica su problema y Sabelotodo consulta la enciclopedia: necesitan bencina para limpiar el petróleo.

Cuando los cuatro gatos vuelven al piso, descubren el cuerpo sin vida de Kengah. La entierran y Colonello pronuncia un panegírico para el ave, «víctima de la desgracia provocada por los humanos» (Sepúlveda 2001, 35). Los cuatro gatos maúllan y pronto se les unen otros animales. A continuación, Colonello les recuerda a sus compañeros que «[u]na promesa de honor contraída por un gato del puerto atañe a todos los gatos del puerto, de tal manera que el huevo no se toca» (Sepúlveda 2001, 33). Sabelotodo le aconseja entonces a Zorbas que ponga el huevo de la gaviota en un sitio caliente. Cada noche, Colonello, Secretario y Sabelotodo lo visitan para ver si hay algún progreso.

UN PÁJARO AL QUE CRIAR

Zorbas incuba el huevo con cuidado y, durante la noche del vigésimo día, se despierta a causa del ruido de la cáscara que se rompe. El polluelo, nada más salir del huevo, piensa que el gato es su madre. Entonces, los gatos llaman a Barlovento, un gato de mar con mucha experiencia, para que determine el sexo del polluelo. Este les asegura que es una chica y Colonello propone llamarla Afortunada, por la fortuna que la puso entre las patas de sus gatos protectores.

Zorbas, tal como prometió, cuida del polluelo y lo defiende de los ataques de otros gatos maleantes. Tras estos acontecimientos, deciden que el piso de Zorbas no es lo suficientemente seguro, a causa de los humanos tan «imprevisibles» (Sepúlveda 2001, 47), y se trasladan a vivir al bazar. Allí, el polluelo se encuentra cara a cara con una rata. Sin embargo, Zorbas negocia con el jefe de las ratas y consigue que no ataquen al pájaro.

Afortunada crece rápido. Sabelotodo busca en las enciclopedias cómo enseñarle a volar, pero la joven gaviota no lo entiende y les dice que «quier[e] ser gato» (Sepúlveda 2001, 54). Sin embargo, tras una discusión con Matías, Afortunada toma consciencia de que es un pájaro. Entonces, huye de los gatos, pensando que quieren engordarla para entregarla a las ratas, pero Zorbas la tranquiliza.

Los felinos comprenden que la joven gaviota, aunque lo esconda, tiene ganas de volar: al ver volar a otras gaviotas, había abierto las alas de forma espontánea. Juntos, ayudan a Afortunada a practicar en el bazar. Esta sigue las instrucciones de Sabelotodo e intenta despegar, animada por los otros gatos. Sin embargo, se estrella.

Tras diecisiete intentos frustrados, Afortunada está cada vez más desmotivada. Zorbas, que se da cuenta de la incapacidad de los gatos para cumplir con su promesa, sugiere que vayan a buscar ayuda humana. Sin embargo, esta propuesta sorprende a los otros gatos, ya que su ley les prohíbe hablar con los humanos. Para hablarlo, reúnen el consejo de los gatos y, finalmente, Zorbas obtiene el permiso para romper el tabú y dirigirse a un humano que el consejo elegirá. Hacen una lista, pero descartan a todas las personas mencionadas, porque no tienen experiencia en vuelo. Finalmente, se ponen de acuerdo: eligen al escritor que es amo de Bubulina, una bonita gata negra y blanca. Lo consideran apto para la tarea porque «vuela con sus palabras» (Sepúlveda 2001, 65).

Zorbas se presenta en casa de Bubulina y le pide que le deje conocer a su amo, pero esta se niega. El escritor oye ruidos extraños y se levanta, momento en el que Zorbas aprovecha para entrar en el piso. Entonces, le explica su problema al hombre, sorprendido ante el hecho de hablar con un gato. Este acepta ayudarlo, esa misma noche, citando versos de Bernardo Atxaga (escritor vasco, 1951).

El poeta lleva a Zorbas y al joven polluelo a la torre de la iglesia San Miguel: Afortunada está asustada, pero Zorbas la tranquiliza. La gaviota se lanza y luego cae; entonces, Zorbas y el hombre se precipitan al borde de la ventana, pero Afortunada planea. Zorbas concluye que «sólo vuela el que se atreve a hacerlo» (Sepúlveda 2001, 73).

ESTUDIO DE LOS PERSONAJES

KENGAH

Kengah es una gaviota con plumas plateadas a la que le interesan los humanos. Luchadora, pelea contra una muerte segura, engullida en el petróleo. Le da importancia a las reuniones y a la memoria colectiva de su especie.

EL NIÑO

Adopta a Zorbas después de su episodio accidentado con el pelícano. Habla con el gato, con el que está muy unido, y se gasta sus ahorros en él. Para Zorbas, es el «mejor» (Sepúlveda 2001, 12).

ZORBAS

Zorbas es un gato «grande, negro y gordo» (Sepúlveda 2001, 12) que quiere mucho al niño que cuida de él. Cuando todavía era un gatito, «ágil y despierto» (Sepúlveda 2001, 14), Zorbas, curioso, había querido probar el pescado. Entonces, se había alejado del canasto donde su madre lo había colocado junto con sus siete hermanos, pero un pelícano, tomándolo por una rana, se lo había tragado.

Altruista, ayuda a la gaviota, que dice que es «bueno y de nobles sentimientos» (Sepúlveda 2001, 21). Se muestra particularmente dulce con el huevo: es un verdadero gato «madre gallina»[1]. Orgulloso —no le gusta que se le trate como a un «gato idiota» (Sepúlveda 2001, 39)—, es un gato de honor: está dispuesto a romper un tabú para cumplir su promesa. Además, sabe muchos idiomas humanos y tiene el sentido del refinamiento.

SECRETARIO

Secretario es un gato callejero, flaco y que no tiene bigotes. Es el jefe de comedor del restaurante italiano del Cuneo. Rápido, siempre habla antes que Colonello, lo que parece que le pone nervioso. Cada vez le cuesta más aguantar ser el segundo de Colonello, pero este último siempre logra calmarlo con comida.

COLONELLO

Colonello es considerado un gato de edad indefinible. Es capaz de resolver los problemas de los otros gatos, que ven en él a un sabio, «toda una autoridad entre los gatos del puerto» (Sepúlveda 2001, 23). Está muy atento a lo que pasa en el restaurante, a menudo habla en italiano y se muestra acogedor. Es incapaz de retener las palabras complicadas, por lo que siempre va precedido por Secretario, algo que lo pone nervioso. Asimismo, es el guardián de las tradiciones y las normas.

---

1. Cita traducida por ResumenExpress.com

SABELOTODO

Sabelotodo vive en el bazar del puerto. Este gato sabe muchas cosas, y le encantan las enciclopedias: «Cada vez que miro en sus páginas aprendo algo nuevo» (Sepúlveda 2001, 31). Es «pedante y didáctico» (Sepúlveda 2001, 33), y está persuadido de que «todo el saber está en esos libros» (Sepúlveda 2001, 48). Además, no se toma nada bien las críticas de Zorbas sobre los límites de la enciclopedia. Tiene tendencia a exagerarlo todo: utiliza mucho el adjetivo «terrible» y se siente «tan importante como un ingeniero de la NASA» (Sepúlveda 2001, 58) cuando ayuda a volar a Afortunada.

AFORTUNADA

Afortunada es un pájaro con las plumas blancas y plateadas, como Kengah, su madre. Considera que Zorbas es su verdadera madre. A pesar de su «andar bamboleante de ave marina» (Sepúlveda 2001, 54), se ve como un gato, y rechaza aprender a volar por miedo. Los gatos le dejan la posibilidad de decidir cuando quiere volar, ya que es una elección personal. Tras varios fracasos, se desanima. Finalmente, lo logra gracias a los gatos y al poeta, con los que se muestra agradecida.

MATÍAS

Matías es el chimpancé que está en la caja del bazar de Harry. Astuto y mentiroso, intenta robar a los clientes. Se ha vuelto alcohólico por culpa de Harry, muy aficionado a la cerveza. Se muestra particularmente intransigente en lo que concierne al reglamento.

BARLOVENTO

Barlovento es un gato «color miel con los ojos azules» (Sepúlveda 2001, 51). Se le describe como «un auténtico gato de mar» (Sepúlveda 2001, 51). Es la mascota del Hannes II, un barco que draga el Elba, y los marineros lo quieren mucho. Ha viajado durante mucho tiempo, por lo que se le conoce y respeta por su experiencia en el ámbito marítimo.

BUBULINA

Bubulina es una gata blanca y negra muy bonita, que descansa entre las flores del balcón. Todos los gatos intentan seducirla, pero ella solamente está interesada en su amo, con el que se muestra muy protectora.

EL POETA

El poeta es el amo de Bubulina. Se trata de un hombre en el que Zorbas tiene depositada una gran confianza. Su experiencia, su cultura y su apertura de mente (se dirige a un gato que habla) hacen que sea una ayuda muy valiosa para Zorbas y Afortunada.

CLAVES DE LECTURA

EL GÉNERO: UN CUENTO

Historia del género

El origen de los cuentos se sitúa en los mitos, las leyendas y las historias maravillosas de la Edad Antigua y de la Edad Media (por ejemplo, *La Ilíada*, c. siglo VIII a. C; *Perceal o el cuento del Grial*, antes del año 1190; *El cantar de los Nibelungos*, c. 1200; o incluso las sagas escandinavas). Mucho antes de ser escrito, este género se empleaba y se transmitía sobre todo de forma oral, pasando de generación en generación. Inicialmente, estas historias no estaban dirigidas a los niños, sino a los adultos. A pesar de que las premisas del cuento ya estaban presentes en Italia en el Renacimiento (como los episodios maravillosos del *Decamerón* de Boccaccio, 1348-1353), se considera que Charles Perrault (1628-1703) es el padre fundador del género. Ha mantenido la fama gracias a *Los cuentos de Mamá Oca* (1697) que retoman los grandes clásicos como *La Bella Durmiente, Caperucita Roja, Barba azul, El gato con botas, Cenicienta*, etc. Poco a poco, los cuentos empiezan a dirigirse también a los niños.

En el siglo XVIII, otros autores, como los hermanos Grimm, continúan explotando este género. En ese mismo momento, Antoine Galland (orientalista y escritor francés, 1646-1715) traduce *Las mil y una noches*, que se remontan a muchos siglos atrás en la tradición árabe. A lo largo de los siglos XIX y XX, el género se renueva con Pushkin (1799-1837) en Rusia, la condesa de Segur (1799-1874) o incluso Hans Christian

Andersen (1805-1875) en Dinamarca. Este último coloca lo maravilloso en un universo real, y no irreal, yendo incluso hasta el punto de darle un final trágico a los cuentos (*La pequeña cerillera*). Entonces, las obras se dirigen sobre todo a los niños: se simplifica el fondo y la forma de los cuentos, y las ilustraciones están cada vez más presentes. En la década de 1960, Pierre Gripari (escritor francés, 1925-1990) continúa en la misma línea con *Los cuentos de la calle Broca* (1967).

Sin embargo, muchos especialistas afirman que, detrás de estas historias simples, los autores de cuentos evocan conceptos más complicados. Bruno Bettelheim (psicoanalista estadounidense, 1903-1990) analizó el contenido psicológico de los cuentos: *Caperucita Roja* simboliza la niña que se acerca a la pubertad y a la que hay que advertir contra el peligro de hablar con desconocidos; el cuento de *Los tres cerditos* sirve para dar a entender que, para crecer, no solamente hay que actuar para satisfacer sus propios placeres, sino que hay que enfrentarse a la realidad, etc. Así pues, el cuento es una forma de transmitirle un mensaje complejo al niño.

Las características del cuento

Historia de una gaviota y del gato que le enseñó a volar retoma las características habituales del cuento:

- el texto es breve;
- la historia es atemporal: no hay ninguna referencia a una fecha precisa y resulta difícil situar cronológicamente los hechos;
- lo maravilloso interviene: los gatos hablan, piensan y

viven como los humanos (leyes, rituales);

- los personajes están estereotipados y cada uno tiene un papel bien definido: Afortunada es la heroína, Zorbas le ayuda (ayudante), Matías le causa problemas (oponente), etc.;
- el relato se termina con un final optimista (Afortunada sabe volar y podrá unirse a los suyos) y una moraleja (la frase de Zorbas). En este sentido, también se puede acercar a la parábola, un relato alegórico cuyo objetivo es transmitir una moraleja o un mensaje religioso. Aquí, el autor representa a gatos parecidos a los humanos para transmitirles valores como la solidaridad y el respeto hacia la naturaleza.

Una obra viva y llena de humor

El autor elige utilizar un punto de vista externo: el narrador no está identificado y no participa en el relato. Observa los acontecimientos sin participar y le transmite al lector lo que ve o escucha. Al inicio del cuento, el lector sigue en paralelo la historia de Kengah y la de Zorbas, antes de que se crucen.

A menudo, recurre a la acumulación, que consiste en enumerar una serie de elementos de una misma categoría (naturaleza o función) con el objetivo de crear un efecto de profusión. La descripción del bazar de Harry busca transmitir la sensación del desorden que reina en ese lugar, y los números refuerzan todavía más esta impresión de amontonamiento. Esta acumulación no deja de recordarnos los problemas que reinan en los cuentos en general (el héroe está enfrentado a pruebas que marcan el ritmo de su búsqueda) y, en este en particular, en el mundo de los humanos (como dejan ver las reacciones de los animales acerca de la locura humana).

Este cuento también se caracteriza por sus contradicciones y sus elementos humorísticos, que contribuyen a dar un toque más vivo al relato y una visión más estrafalaria del contenido del bazar: «[...] 12 telégrafos de mandos aporreados por las manos de iracundos capitanes; 256 brújulas que jamás perdieron el norte; [...] 1 oso polar disecado en cuyo vientre yacía la mano derecha, también disecada, de un explorador noruego; [...] 1200 hamacas de yute que garantizaban los mejores sueños; 1300 marionetas de Sumatra que sólo habían interpretado historias de amor; 123 proyectores de diapositivas que mostraban paisajes en los que siempre se podía ser feliz; [...]» (Sepúlveda 2001, 25).

Finalmente, cabe destacar que en esta obra encontramos una cita. La cita consiste en reproducir un pasaje procedente de una obra anterior. En este caso, se trata de los versos del poema *Las gaviotas* de Bernardo Atxaga, pseudónimo del escritor vasco Joseba Irazu Garmendia (1951). En ese poema, el autor evoca la vida contemplativa de los pájaros. Reconocido a nivel mundial desde la aparición en 1988 de la antología de cuentos *Obabakoak* —que en euskera significa los de Obaba—, Atxaga posee numerosos puntos en común con Sepúlveda: ambos han escrito para la literatura juvenil, pero también se han interesado por otros géneros (novela, cuento, poesía, etc.) y ponen en escena a gente simple a la que confrontan con la naturaleza y el contexto de nuestra época.

TEMAS HUMANISTAS

La solidaridad, la ayuda mutua y la tolerancia

Se trata de uno de mensajes principales del autor, presente en la historia a través de la importancia conferida a la comunidad de los animales, que trasciende las leyes de la naturaleza, y las relaciones cazadores/cazados: un gato ayuda a un pájaro, mientras que se lo habría podido comer. Esta comunidad está fundada bajo la compartición de sentimientos fuertes, como la muerte: con la muerte de Kangah, todos los animales lloran la pérdida de uno de los suyos (Sepúlveda 2001, 35-36). Estos buscan enseñarle a los humanos que hay que superar las diferencias y mostrarse solidarios: «aprendimos a apreciar, respetar y querer a un ser diferente. Es muy fácil aceptar y querer a los que son iguales a nosotros, pero hacerlo con alguien diferente es muy difícil y tú nos ayudaste a conseguirlo» (Sepúlveda 2001, 56).

La ecología

Sepúlveda es un hombre muy comprometido, tanto a nivel político como ecológico. Fue miembro de la organización internacional Greenpeace que, desde 1971, lucha por la protección del medio ambiente actuando de forma colectiva, independiente y no violenta. El autor hace referencia directamente a este grupo, evocando la intervención de pequeños barcos con los colores del arcoíris (símbolo de esta organización) para impedir que los grandes petroleros vacíen sus depósitos y tiren fuel en alta mar de forma ilícita. Estos actos, calificados erróneamente como «desgasificación», en el relato se llaman «peste negra» y «maldición de los mares» (Sepúlveda 2001, 19). La muerte de Kengah se le atribuye directamente a los humanos. Barlovento lanza el mensaje ecológico de forma todavía más clara: «A veces me pregunto si algunos humanos se han vuelto locos, porque intentan hacer del océano un enorme basurero» (Sepúlveda 52, 2001). Así, Sepúlveda lanza un mensaje de alerta para despertar las conciencias, al igual que otros escritores como Saint-Exupéry (1900-1944): «No heredamos la Tierra de nuestros antepasados. La legamos a nuestros hijos» (Casa del Libro 2015).

La denuncia del comportamiento humano

Aunque los animales sean los verdaderos héroes de este cuento, los humanos no están totalmente ausentes. Además del tema ecológico, el autor destaca la incomprensión de los humanos entre ellos —«Qué difícil lo tienen los humanos. Las gaviotas, en cambio, graznamos igual en todo el mundo»— (Sepúlveda 2001, 9) y hacia el comportamiento de los animales (por ejemplo, los gritos durante el entierro de la gaviota o el amigo de la familia que no entiende el comportamiento de Zorbas).

Según los animales, los hombres son «imprevisibles» (Sepúlveda 2001, 47): causan daño a veces de forma involuntaria (en el fondo tienen buenas intenciones) y a veces de forma voluntaria (como en el caso de la gaviota). En cuanto a Colonello, recuerda las numerosas humillaciones a las que los humanos someten a los animales que, sin embargo, demuestran inteligencia, como los delfines, los leones o los loros.

Así pues, ¿hay que maldecir a todos los humanos? No. Kengah es la prueba de ello: no los condena a todos de forma unilateral. Algunos hombres respetan a los animales (el niño) y otros están dispuestos a ayudarlos, como el poeta. Así pues, el papel de los humanos es vivir en armonía con los animales y el mundo que los rodea.

PISTAS PARA LA REFLEXIÓN

ALGUNAS PREGUNTAS PARA PROFUNDIZAR EN SU REFLEXIÓN…

- ¿En qué medida cree que esta obra se dirige tanto a los niños como a los adultos? ¿Qué niveles de lectura se pueden extraer de ella?
- ¿Cuál es el sentido de la conclusión de Zorbas: «sólo vuela el que se atreve a hacerlo» (Sepúlveda 2001, 73)?
- ¿Se puede decir que este cuento es un relato comprometido? Justifíquelo.
- ¿Qué imagen ofrece el autor de la figura del poeta? ¿Qué significa la observación de Zorbas al respecto: «vuela con sus palabras» (Sepúlveda 2001, 65)?
- El cuento invita al lector a preguntarse sobre la humanidad que tienen los animales y el hombre. Desarrolle esta idea.
- Sabelotodo está convencido de que «todo el saber está en esos libros» (Sepúlveda 2001, 48). ¿Qué limites tiene esta afirmación?
- Afortunada se niega a aprender a volar, algo que es antinatural. ¿Piensa usted que la identidad puede constituirse fuera de lo que es natural e innato?
- El cuento de Sepúlveda pone a una gaviota en escena. Haga una lista de otros cuentos o novelas que tengan a un pájaro como personaje. ¿Qué implica esta elección de colocar a un ave en el centro de la narración? ¿En qué medida se acercan o se diferencian de la novela de Sepúlveda?
- ¿En qué medida los nombres de los distintos protago-

nistas pueden explicar el análisis de los personajes? Desarrolle su respuesta.

¡Su opinión nos interesa!
¡Deje un comentario en la página web de su librería en línea,
y comparta sus favoritos en las redes sociales!

PARA IR MÁS ALLÁ

EDICIÓN DE REFERENCIA

- Sepúlveda, Luis. 2001. *Historia de una gaviota y del gato que le enseñó a volar*. Barcelona: Tusquets editores.

ESTUDIOS DE REFERENCIA

- BnF, "Il était une fois les contes de fées". Consultado el 19 de septiembre de 2016. http://expositions.bnf.fr/contes/index.htm.
- Cymerman Claude y Claude Fell, dir. 1997. *Histoire de la littérature hispano-américaine de 1940 à nos jours*. París: Nathan.
- Sevestre, Catherine. 2001. *Le Roman des contes*, 329-332. Étampes: Cédis Éditions.

FUENTES COMPLEMENTARIAS

- Twitter, "Casa del Libro", 2015. Consultado el 19 de septiembre de 2016. https://twitter.com/casadellibro/status/590802375763435520.

ADAPTACIÓN CINEMATOGRÁFICA

- *Historia de una gaviota y del gato que le enseñó a volar*. Dirigida por Enzo D'Alò. Italia: Cecchi Gori Group Tiger Cinematografica, 1998.
  Esta película de animación está inspirada de forma libre en la obra de Sepúlveda, y se dirige a un público de niños

a partir de tres años. Varios añadidos, como escenas cantadas, la aparición de nuevos personajes (la hija del poeta, un gato llamado Yoyo, etc.), la intervención más amplia de los humanos y de las ratas o el cambio de nombre de la gaviota (Felicidad) hacen de estos dibujos animados una adaptación más dirigida a un público joven. La película ha sido premiada en dos ocasiones, una de ellas con el premio del público en el Festival Internacional del Cine para Niños de Montreal (2000).

EN RESUMENEXPRESS.COM

- Guía de lectura de *Un viejo que leía novelas de amor* de Luis Sepúlveda.

www.resumenexpress.com

ISBN ebook: 9782806274342

ISBN papel: 9782806284662

Depósito legal: D/2016/12603/403

Cubierta: © Primento

Libro realizado por Primento, *el socio digital de los editores*